中国少儿百科知识全书
岩石与矿物
闪闪发光的宝藏

中国少儿百科知识全书
水 的 旅 行
奇妙的地球环游记

中国少儿百科知识全书
神奇的鸟类
翱翔的空中猎人

中国少儿百科知识全书
有趣的力学
看不见的魔法师

中国少儿百科知识全书
飞越太阳系
人类的太空家园

中国少儿百科知识全书
地球的故事
46亿年的奇迹

中国少儿百科知识全书
西方艺术

中国少儿百科知识全书
印 度 文 明
多彩而神秘

中国少儿百科知识全书
南极和北极
冰袍的世界尽头

中国少儿百科知识全书
鲸豚王国
从四足小兽到海洋巨兽

中国少儿百科知识全书
奇趣物理
小到微粒，大至宇宙

中国少儿百科知识全书
化学世界

中国少儿百科知识全书
太空之旅

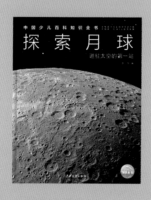

中国少儿百科知识全书
探索月球
进驻太空的第一站

U0338032

中国少儿百科知识全书 精装典藏本
ENCYCLOPEDIA FOR CHILDREN
精彩内容持续更新 敬请期待

ENCYCLOPEDIA FOR CHILDREN

中国少儿百科知识全书

建筑奇观

石头的史书，凝固的音乐

朱其芳／著

少年儿童出版社

　　大自然一次性给出了木头、石头、泥土和茅草，其余一切都是人类的杰作，这就是建筑。建筑是石头的史书，从金字塔到卢浮宫，从万里长城到故宫，人类用勤劳与智慧，创造出伟大壮丽的建筑，推动人类文明走过一个又一个世纪。建筑是凝固的音乐，从万神庙到水晶宫，从凯旋门到摩天楼，它们静默不语，却演奏出最美妙的时代交响乐。

　　我们陶醉于大自然以滴水穿石之力创造的乐园，也同样醉心于人类以天才般的想象力创造的建筑奇观。而你要做的，只是把它们尽收眼底。

中国少儿百科知识全书
ENCYCLOPEDIA FOR CHILDREN

编辑委员会

主　编
刘嘉麒

执行主编
卞毓麟　王渝生　尹传红　杨虚杰

编辑委员会成员（按姓氏笔画排序）
王元卓　叶　剑　史　军　张　蕾　赵序茅
顾凡及

出版工作委员会

主　任
夏顺华　陆小新

副主任
刘　霜

科学顾问委员会（按姓氏笔画排序）
田霏宇　冉　浩　冯　磊　江　泓　张德二
郑永春　郝玉江　胡　杨　俞洪波　栗冬梅
高登义　梅岩艾　曹　雨　章　悦　梁培基

研发总监
陈　洁

数字艺术总监
刘　丽

特约编审
沈　岩

文稿编辑
张艳艳　陈　琳　王乃竹　王惠敏　左　馨
董文丽　闫佳桐　陈裕华　蒋丹青

美术编辑
刘芳苇　周艺霖　胡方方　魏孜子　魏嘉奇
徐佳慧　熊灵杰　雷俊文　邓雨薇　黄尹佳
陈艳萍

责任校对
蒋　玲　何博侨　黄亚承　陶立新

总　序

科技是第一生产力，人才是第一资源，创新是第一动力，这三个"第一"至关重要，但第一中的第一是人才。千秋基业，人才为先，没有人才，科技和创新皆无从谈起。不过，人才的培养并非一日之功，需要大环境，下大功夫。国民素质是人才培养的土壤，是国家的软实力，提高全民科学素质既是当务之急，也是长远大计。

国家全力实施《全民科学素质行动规划纲要（2021—2035年）》，乃是提高全民科学素质的重要举措。目的是激励青少年树立投身建设世界科技强国的远大志向，为加快建设科技强国夯实人才基础。

科学既庄严神圣、高深莫测，又丰富多彩、其乐无穷。科学是认识世界、改造世界的钥匙，是创新的源动力，是社会文明程度的集中体现；学科学、懂科学、用科学、爱科学，是人生的高尚追求；科学精神、科学家精神，是人类世界的精神支柱，是科学进步的不竭动力。

孩子是祖国的希望，是民族的未来。人人都经历过孩童时期，每位有成就的人几乎都在童年时初露锋芒，童年是人生的起点，起点影响着终点。

培养人才要从孩子抓起。孩子们既要有健康的体魄，又要有聪明的头脑；既需要物质滋润，也需要精神营养。书籍是智慧的宝库、知识的海洋，是人类最宝贵的精神财富。给孩子最好的礼物，不是糖果，不是玩具，应是他们喜欢的书籍、画卷和模型。读万卷书，行万里路，能扩大孩子的眼界，激发他们的好奇心和想象力。兴趣是智慧的催生剂，实践是增长才干的必由之路。人非生而知之，而是学而知之，在学中玩，在玩中学，把自由、快乐、感知、思考、模仿、创造融为一体。养成良好的读书习惯、学习习惯，有理想，有抱负，对一个人的成长至关重要。

为孩子着想是成人的责任，是社会的责任。海豚传媒与少年儿童出版社是国内实力强、水平高的儿童图书创作

与出版单位，有着出色的成就和丰富的积累，是中国童书行业的领军企业。他们始终心怀少年儿童，以关心少年儿童健康成长、培养祖国未来的栋梁为己任。如今，他们又强强联合，邀请十余位权威专家组成编委会，百余位国内顶级科学家组成作者团队，数十位高校教授担任科学顾问，携手拟定篇目、遴选素材，打造出一套"中国少儿百科知识全书"。这套书从儿童视角出发，立足中国，放眼世界，紧跟时代，力求成为一套深受 7 ~ 14 岁中国乃至全球少年儿童喜爱的原创少儿百科知识大系，为少年儿童提供高质量、全方位的知识启蒙读物，搭建科学的金字塔，帮助孩子形成科学的世界观，实现科学精神的传承与赓续，为中华民族的伟大复兴培养新时代的栋梁之材。

"中国少儿百科知识全书"涵盖了空间科学、生命科学、人文科学、材料科学、工程技术、信息科学六大领域，按主题分为 120 册，可谓知识大全！从浩瀚宇宙到微观粒子，从开天辟地到现代社会，人从何处来，又往哪里去，聪明的猴子、美丽的花草、辽阔的山川原野，生态、环境、资源，水、土、气、能、物，声、光、热、力、电……这套书包罗万象，面面俱到，淋漓尽致地展现着多彩的科学世界、灿烂的科技文明、科学家的不凡魅力。它论之有物，看之有趣，听之有理，思之有获，是迄今为止出版的一套系统、全面的原创儿童科普图书。读这套书，你会览尽科学之真、人文之善、艺术之美；读这套书，你会体悟万物皆有道，自然最和谐！

我相信，这次"中国少儿百科知识全书"的创作与出版，必将重新定义少儿百科，定会对原创少儿图书的传播产生深远影响。祝愿"中国少儿百科知识全书"名满华夏大地，滋养一代又一代的中国少年儿童！

中国科学院院士
火山地质与第四纪地质学家　

目 录

石头的史书

从远古洞穴到原始小屋，从金字塔到哈利法塔，建筑书写了一个又一个时代。

06　建筑五千年

文明的遗迹

古老的金字塔、神庙、长城神秘而伟大，它们的魅力早已超越时间，令今天的人们着迷不已。

08　埃及金字塔
10　帕特农神庙
12　万里长城永不倒
14　罗马万神庙
16　马丘比丘古城
18　印度明珠：泰姬陵

城市与宫殿

与建筑同时出现的，还有对城市的规划。不要制定渺小的规划，它们没有激起人们热情的魅力。

20　理想城市：圣彼得堡
22　巴黎中心：凯旋门
24　艺术宝库：卢浮宫
26　帝王之城：故宫

揭秘更多精彩！

奇趣AI动画

走进"中百小课堂"
开启线上学习

让知识动起来！

扫一扫，获取精彩内容

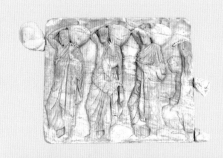

中华瑰宝

雄伟的皇陵、壮观的楼阁、幽静的园林、古朴的民居……中国传统建筑在世界建筑史上占有重要地位。

28　皇家陵寝：明十三陵

30　天下江山第一楼

32　山林别墅：拙政园

34　四合院里规矩多

工业世界与机器时代

玻璃幕墙、钢铁骨架、透明天窗编织出一个轻、光、透、薄的工业世界。

36　水晶宫

38　埃菲尔铁塔

40　AEG涡轮机工厂

42　熨斗大厦

建筑新视界

欢迎来到奇妙空间，这里凝聚着天才般的想象力，你要做的，只是把它们尽收眼底。

44　现代建筑四大师

46　摩天大楼：哈利法塔

48　奇形怪状的建筑

附　录

50　名词解释

建筑五千年

原始时代，远古人类居住在洞穴里，但为了更好地在野外生存，他们学会了建造原始小屋。随后，在漫长的几千年里，金字塔、巴黎圣母院、故宫、埃菲尔铁塔、悉尼歌剧院……一座座伟大的建筑见证了人类文明的发展。

1250 年

巴黎圣母院

玫瑰花窗，90 米高的尖塔……巴黎圣母院是一座典型的哥特建筑，里面收藏了许多艺术珍品。

前 26 世纪

金字塔

230 万块巨石，10 万工匠，耗时约 30 年……埃及的胡夫金字塔是一座方锥形建筑，是古埃及法老胡夫的陵墓。

1654 年

泰姬陵

直径约 18 米的中央穹窿，成千上万颗五彩宝石……泰姬陵是一座用白色大理石建成的陵墓。

前 208 年

秦兵马俑坑

已挖掘 4 个坑，占地面积共 25 392 平方米……在秦兵马俑坑内，陶马、俑、战车组成了排列有序的威严军阵。

10 世纪

威斯敏斯特教堂

68.5 米高的钟楼，31 米高的大穹窿……英国国王在威斯敏斯特教堂加冕，多位国王和名人长眠于此。

1420 年

故 宫

建筑面积约 15 万平方米，曾居住过 24 位皇帝……故宫是世界上规模最大、保存最完整的木结构宫殿建筑群。

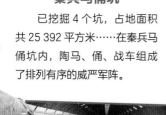

| 5 世纪之前 | 5—15 世纪 | 15—18 世纪 |

起初，人类社会并没有建筑师这个工种，只有工程师、木匠、石匠、瓦匠等。到了文艺复兴时期，建筑越来越兴盛，人们开始需要越来越多的建筑专业人才。此时，建筑师才应运而生。

米开朗琪罗——意大利文艺复兴盛期著名雕塑家、画家、建筑师

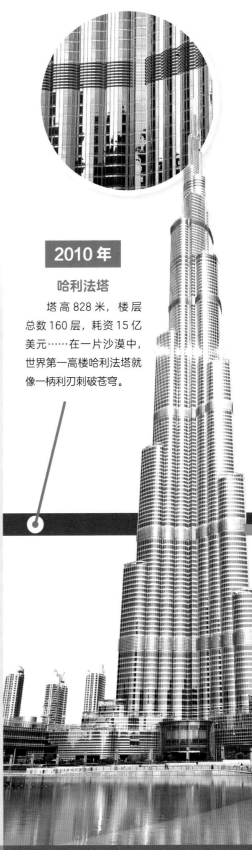

1851 年

水晶宫

3 300 根铁柱，2 300 条铁梁……通体透明、宽敞明亮的水晶宫被誉为"现代建筑的先驱"。

2010 年

哈利法塔

塔高 828 米，楼层总数 160 层，耗资 15 亿美元……在一片沙漠中，世界第一高楼哈利法塔就像一柄利刃刺破苍穹。

1973 年

悉尼歌剧院

100 多万块瓷砖，耗资 10 亿美元……悉尼歌剧院的屋盖向大海张开，仿佛船上的风帆。

1889 年

埃菲尔铁塔

高 320 米，重约 10 000 吨……为庆祝法国大革命 100 周年和在巴黎举办的世界博览会，埃菲尔铁塔被设计修建。

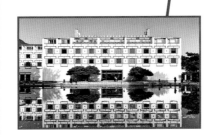

1982 年

香山饭店

白色、灰色、黄褐色相互交织，方和圆巧妙重复……在北京香山公园的静翠湖畔，香山饭店仿佛山林中一座幽静的庭院。

19 世纪　　　　**20 世纪**　　　　**21 世纪**

埃及金字塔

在尼罗河沿岸，近百座金字塔矗立在沙漠之中，里面埋葬着古埃及至高无上的国王——法老。为了死后升天成神，法老们不惜动用大量财力与人力，建造出这些方锥形的金字塔。在古代世界七大奇观中，由于地震、火灾、战争等因素，其余六个如今都已损毁，只有埃及金字塔依然屹立不倒。

金字塔的每一面都是三角形，但它的地基却是方方正正的。由于它的侧影酷似汉字"金"，故汉语称之为"金字塔"。

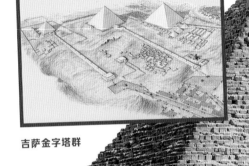

吉萨金字塔群

胡夫金字塔

大约公元前 26 世纪，为了与太阳神靠得更近，和他共升天堂，雄心勃勃的古埃及法老胡夫决定在尼罗河三角洲的吉萨高地寻找一块宝地，为自己建造一座巨型陵墓。

建筑大师密斯·凡·德·罗说："建筑始于两块砖的仔细搭接。"为了建造巨型陵墓，古埃及人将巨石一块一块叠压在一起，巨石之间的缝隙极小，即使薄薄的刀片也很难插入其中。耗时约 30 年后，高达 146.5 米的胡夫金字塔终于竣工。

这尊高约 7.5 厘米的雕像，是目前世界上仅存的胡夫法老像。胡夫是古埃及最强大的法老之一。

胡夫金字塔建造之谜

胡夫金字塔底边长 230.6 米，高达 146.5 米，建造它需要 230 万块平均重约 2.5 吨的巨石……在 4 000 多年前，人们没有运输车，也没有起重机，要完成如此巨大的工程量似乎是天方夜谭。那么胡夫金字塔究竟是怎样建成的？

为了建造这座宏伟的陵墓，10 万多名农民和奴隶组成一支支劳动大军。采石场的工人开凿出 230 万块巨石，一块巨石常常需要几十个人才能搬动。随后，纸莎草船运载着这些巨石，沿着尼罗河一路北上，来到吉萨高地。巨石抵达目的地后，工人在沙地铺上圆木，借助圆木的滚动将这些巨石拖到金字塔下。这些巨石需要垒到不同高度，没有起重机，他们只能利用坡道，慢慢将巨石拖到预定的位置。建造一座如此巨大的金字塔，即使 10 万人不间断地工作，也耗费了大约 30 年才完工。

吉萨金字塔群

胡夫金字塔建成之后，法老哈夫拉和法老孟卡拉也先后在胡夫金字塔旁修建了各自的金字塔陵墓，不过它们比胡夫金字塔小一些。3 座巨型金字塔与其他大大小小的金字塔矗立在吉萨高地，形成了十分壮观的古埃及金字塔群。

其实，3 座巨型金字塔各配有一座祭庙和一条堤道，沿河运送而来的法老木乃伊会登岸入祭庙。在葬礼献祭和入葬仪式之前，法老木乃伊会先存放在祭庙里。除此之外，3 座巨型金字塔的周围还有许多小金字塔和马斯塔巴墓。

狮身人面像

一尊长约 57 米、高约 20 米的狮身人面像蹲伏在哈夫拉金字塔旁，它日日夜夜守卫着金字塔。虽然经历了数千年的风吹日晒，这尊雕像依旧保存完好，只是鼻子早已不翼而飞。

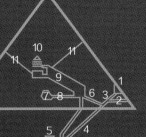

金字塔内部

1. 入口
2. 盗墓贼挖的隧道
3. 下降走廊
4. 下降走廊
5. 未完成的地下墓室
6. 上升走廊
7. 王后墓室
8. 水平通道
9. 大走廊
10. 法老墓室
11. 通风道

帕特农神庙

历经 2 000 多年沧桑，庙顶坍塌，雕塑遗失，石柱被侵蚀……如今的神庙早已破败不堪，只留下许多大理石柱依旧巍然屹立。

公元前 432 年，在古希腊的雅典卫城，一座用白色大理石修建的神庙巍然屹立在最高处。神庙的外部矗立着许多线条刚劲的石柱，石壁上刻满了精致的浮雕，正殿内还供奉着一尊金光闪闪、高达 12 米的雅典娜·帕特农神像。这就是被誉为"希腊的国宝"和"世界美术的王冠"的帕特农神庙。

雅典卫城

在古希腊，每座城邦都拥有自己的卫城。卫城大多位于城邦的最高点，平时是宗教活动中心，战时会变成作战指挥中心和避难所。在所有卫城中，建于公元前 5 世纪的雅典卫城最为著名。

雅典卫城是希腊最杰出的古建筑群，它坐落于雅典城北的山冈上，山冈的东面、南面和北面都是悬崖绝壁，人们只能从西面登上卫城。平时，人们会在这里集会和祭拜神灵。当外敌入侵时，当地居民可以躲到山上的卫城里，军队也会在这里抵御敌人。

帕特农神庙

公元前 447—前 432 年，为了庆祝希腊战胜波斯，在雅典卫城的最高处，建筑师伊克提诺斯和卡利克拉特用白色大理石，修建了帕特农神庙。"帕特农"在希腊语里的意思是"贞女"，即雅典娜的别称。这座神庙南北长 70 米，东西宽 31 米，46 根 10 米高的大理石柱紧紧环绕在神庙的外侧，面积有三分之一个足球场那么大。

1 台 基
神庙坐落在 3 层台基之上。

2 大理石柱
大理石柱高 10 米，东西两面各有 8 根，南北两侧各有 17 根，它们采用了多立克柱式。

3 山 花
在神庙的山花上，雅典娜对战海神波塞冬和雅典娜诞生的故事赫然耸立在最高处。这些人物栩栩如生，富有生命力，力量仿佛从他们的肌肤中迸发而出。

4 正 殿
神庙的正殿内供奉着一尊金光闪闪、高达 12 米的雅典娜·帕特农像，它俯视整座雅典城邦，护卫着这里的安宁。

5 后 殿
神庙的后殿里存放着雅典城的祭品和财物。

古希腊三大柱式

多立克柱式

柱身粗壮，刻有凹槽，下宽上窄，柱头的装饰简单大方。

爱奥尼克柱式

修长的柱身刻有 24 条凹槽，柱头装饰有一对形似羊角的卷涡，气质优雅高贵。

科林斯柱式

柱身最修长，也是三大柱式中最为精致的一种，柱头上雕刻着卷曲的莨苕叶。

雕刻的杰作

檐壁和山花上精美的浮雕是帕特农神庙最值得炫耀的艺术品，每幅浮雕都有一个故事，它们堪称古希腊艺术的巅峰之作。经过雕刻大师菲狄亚斯的雕琢，神庙的外墙刻满了雅典娜诞生、雅典娜对战海神波塞冬、半人马之战、巨人族之战等希腊神话故事。在神庙的内墙上，一条长 160 米的浮雕带上刻着人们节日时游行与狂欢的场景，他们跳舞、弹琴、骑马，一切活灵活现，栩栩如生。

泛雅典娜节

为了纪念雅典护城女神雅典娜，雅典城定期举行泛雅典娜节，人们会进行体育、音乐等各项比赛。帕特农神庙内墙的浮雕带上记录着这一节日盛况。

半人马之战

在希腊神话中，半人马是一群住在色萨利地区的怪物，传说他们企图抢走拉庇泰国王伊克西翁的儿子庇里托俄斯的新娘，与拉庇泰人展开了恶战。这一战斗场景的浮雕被刻在帕特农神庙的南墙上。

雅典娜·帕特农像

金光闪闪的雅典娜·帕特农像出自古希腊最伟大的雕刻大师——菲狄亚斯之手。它由木头雕刻而成，浑身包覆着黄金和象牙。女神雅典娜头戴战盔，身着希腊式连衣长裙，右手托着胜利女神，左手扶着盾牌，盾牌内盘着一条巨蛇，左臂上还靠着一支长矛。如今，我们看到的都是它的摹制品。

万里长城永不倒

公元前 221 年，秦始皇攻灭六国，一统天下，结束了春秋战国纷争的局面。为了巩固统一的帝国，抵御北方匈奴的入侵，他下令大修长城，将一些断续的防御工事连接成一个完整的防御系统，世称"万里长城"。

21 196.18 千米

长城究竟有多长？实际上，长城的总长度远不止1万里。科学家利用卫星遥感技术，测量出长城的总长度为 21 196.18 千米。

垛 口

城墙的外侧修筑了高约2米的连续凹凸的齿形小墙——垛口。垛口的上部设有瞭望口，以便瞭望敌情；下部设有射洞，用于射击敌人。

上下两千年，纵横数万里

长城是世界上修建时间最长、工程量最浩大的一项古代防御工程。从春秋战国时期，到清代的 2 000 多年间，历朝历代几乎都曾不同规模地修筑过长城。其中，横贯中国北部的秦长城、汉长城和明长城，长度均超过了 5 000 千米。

先秦长城

春秋战国时期，列国诸侯为了互相防守，纷纷在各自的边境修筑烽火台，并用城墙将其连接起来，形成了最早的长城。

秦长城

为了抵御匈奴，秦始皇连接先秦长城，并大量增筑扩修，于是便有了"西起临洮，东至辽东，蜿蜒一万余里"的"万里长城"。

汉长城

汉朝是修建长城总量最多的王朝。汉长城向西一直延伸至中亚，总长度超过 1 万千米，为丝绸之路的畅通提供了安全保障。

蜿蜒的"巨龙"

绵延万里的长城并不只有蜿蜒无尽的城墙。公元前214年，秦始皇派大将蒙恬率军30万，北逐匈奴，占据河套，并修筑长城。蒙恬依据地形，用险制塞，修整原秦、赵、燕三国北方的长城，并将其连成一体。他以关城、敌台为重点，烽火台为前哨，城墙为依托，点线结合，筑成了一套完整的防御工程体系——万里长城。

嘉峪关

城墙

作为长城的主体部分，城墙是集阻挡、据守、掩蔽等功能于一体的线式防御工事。为了加强防御，平原险阻之处的城墙通常十分高大坚固；为了节省人力和费用，高山峻岭的城墙往往低矮狭窄；在一些极为陡峭、无法修筑城墙的地方，人们直接修整削挖出垂直的崖壁，筑成"山险墙"和"劈山墙"。

敌台

城墙顶上建有敌楼或敌台，方便巡逻士兵住宿以及储存粮食和武器。

女墙

城墙的内侧建有女墙，高约1米，以防止巡逻士兵失足跌落。

明长城

明长城用城墙将上百座雄关、隘口，成千上万座敌台、烽火台相连，总长度逾8 000千米。它见证了长城内外的民族大融合。

关城

长城沿线有很多"关"，它们设置在长城的咽喉要道上，是最集中的防御据点，往往以城为关，屯驻重兵，如山海关、玉门关、嘉峪关等。由于地势险要、易守难攻，关城素有"一夫当关，万夫莫开"之称。

城门：平时是进出关口的通道，战时是反击敌人的出口。

城门楼：城门上方的建筑，它是战时的观察所和指挥所，也是战斗据点。

瓮城：在城门外修建的半圆形或方形的护门小城，可加强城堡或关隘的防守。

烽火台

为了及时传递军情，人们在长城沿线修筑了许多烽火台，各烽火台之间的平均距离约3千米。一旦发现敌军来犯，守卫士兵立刻发送一套"烽火密码"——白天燃烟，夜间举火。邻台见到后依样随之，台台相传，军情迅速传至远方。

罗马万神庙

神似希腊神庙

意大利罗马市中心的罗通达广场上坐落着罗马帝国唯一一座保存完整的建筑遗迹——万神庙，它的门廊看起来与古希腊的帕特农神庙十分相似。在重建万神庙时，哈德良出于对奥古斯都的尊敬与对希腊艺术的推崇，不仅沿用了古希腊式的门廊，还在门廊壁柱及圆厅内部大量采用了奥古斯都时期流行的希腊风格的科林斯柱式。

公元前 27 年，古罗马统帅阿格里帕主持建造万神庙，以献给众神的名义同时献给罗马帝国第一代皇帝奥古斯都，来纪念他建立罗马帝国的伟大功绩。后来，这座神庙被毁，只留下 16 根石柱。到了公元 120 年，罗马皇帝哈德良由于非常景仰奥古斯都皇帝，决定在万神庙的旧址上重建万神庙。随后，万神庙重新被呈现，并一直保存至今。

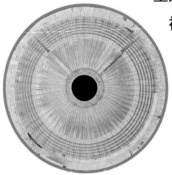

特制混凝土

古罗马人将碎石和砂浆混合在一起，制成一种混凝土，它的耐腐蚀性极强，十分牢固，整座万神庙都用这种混凝土浇灌。从建造至今，巨型穹窿只因为大地震维修过一次。

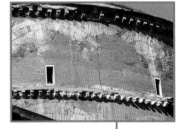

檐 部

上面刻着"吕奇乌斯的儿子、三度执政官马库斯·阿格里帕建造此庙"。

圆洞天窗

在穹窿的顶部，一个直径约 8.9 米的圆洞天窗是万神庙唯一的采光点。

科林斯柱式

万神庙的科林斯式石柱看起来非常华丽，它的柱头刻有卷曲的莨苕叶，看起来就像装满花草的花篮。

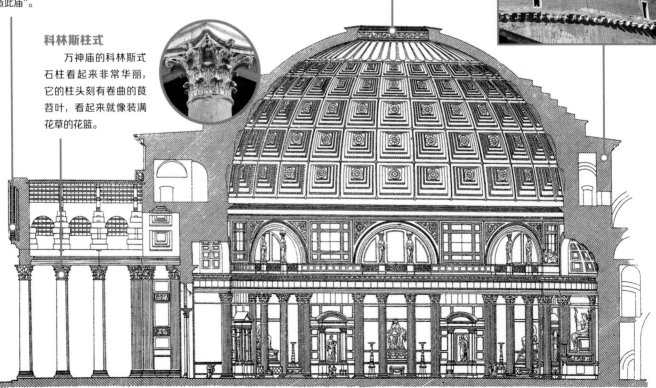

巨型穹窿

　　直径 43.3 米的半球形穹窿是万神庙最壮观、最引人注目的地方。在 1434 年佛罗伦萨大教堂的穹窿建成之前，它一直是世界上最大的穹窿。为了减轻穹窿的重量，建筑师在穹窿内部设计了 5 排凹格，每排有 28 个凹格。这一设计不仅减轻了穹窿的重量，而且增加了层次感和立体感。由于整座神庙没有其他窗户，阳光只能从顶部的圆洞天窗穿孔而入，照亮内殿，使整个庙堂显得庄严肃穆。难怪米开朗琪罗曾赞叹道："这是天使的设计。"

　　在意大利画家乔瓦尼·保罗·帕尼尼的油画中，万神庙纤毫毕现：墙体的高度和穹窿的直径都是 43.3 米，四周挂满了壁画，每隔 10 米左右伫立着一尊神像。

巨大的圆形厅

　　与像谷仓一样的朴素外观不同，万神庙内部的圆形厅使用了彩色大理石。厅内墙体内沿设有 8 个拱券，其中 7 个下面是大壁龛，里面供奉着 7 尊神像，有些神像的左右还有 2 尊天使石像，还有 1 个拱券下面是大门。当阳光从穹窿的圆洞天窗洒下，厅内的空气仿佛都凝固了，整个圆形厅显得越发气势恢宏。

万神庙的天使石像

逃过劫难

　　公元 609 年，万神庙被赐予教皇卜尼法斯四世，他将这座神庙改为基督教堂，并更名为圣母与诸殉道者教堂。正因如此，万神庙才逃过了中世纪的劫难，没有因被视为异教建筑而遭毁灭。几经战乱，罗马帝国早已陷落，万神庙却依旧完好无损地矗立在意大利罗马市中心，并于 1929 年被定为意大利国立教堂，成为罗马帝国唯一一座保存完整的建筑遗迹。

马丘比丘古城

1911年，美国考古学家海勒姆·宾厄姆前往秘鲁，带着他的探险队四处寻找"消失的印加古城"。他们翻越安第斯山脉，穿过河谷和热带丛林，却一无所获。正当他们穿越乌鲁班巴河谷时，一位当地人告诉他们，河对岸有一座废墟。在这位当地向导的带领下，他们爬上马丘比丘山顶，发现了这座沉睡了几百年的神秘古城。

知识加油站

马丘比丘古城约建于15世纪，面积共13平方千米，城内经发掘有建筑近200座，宫殿、神庙、堡垒、监狱、民居、仓库、墓穴应有尽有，山崖与古城由3000余级台阶连通。

印加失落之城

印加人非常崇拜太阳，他们自称是太阳神的子孙。为了离太阳更近，与太阳神对话，印加国王帕查库提·印加·尤潘基将古城建在海拔2300米左右的一个马鞍形山脊上。马丘比丘古城俯瞰着整个乌鲁班巴河谷，被热带丛林重重包围，就像一座飘浮在云端的空中城堡。

1533年，西班牙殖民者入侵印加帝国，盛极一时的印加帝国灭亡，不少遗迹毁于一旦，但这座建在险峻山脊的神秘古城躲过一劫，成为南美洲最伟大的建筑奇观和"世界新七大奇观"之一。

印加梯田

碎石、沙土和石块堆叠在一起，变成了700多个印加梯田，这里的农作物享受着充足的阳光。为了避免古城坍塌，防止大水淹没庄稼，梯田里还设计了许多排水沟，水可以直接流到山脚。如果没有梯田，马丘比丘古城恐怕早就被暴雨、地震和山洪摧毁。虽然现在梯田比较常见，但在几百年前，这一农业工程堪称人类的伟大创举。

三窗神庙

　　这里是马丘比丘最重要的圣地，巨大的石墙上有 3 个大窗口，它们正对着安第斯山脉的崇山峻岭。古城里的建筑大多由花岗岩垒砌而成，每一块石头都经过非常精确的切割，它们贴合得十分紧密，连一张卡片都塞不进去。

拴日石

　　在一块长方形的大石盘中心，一个石桩异常突出。每天，太阳东升西落，照射石桩，在石盘上投下阴影，看起来就像被石桩拴住了一样，这个石桩因此得名"拴日石"。印加人希望用拴日石拴住太阳，让太阳永照大地。

太阳神庙

　　奇特的弧形墙壁、神秘的窗户、中央的花岗岩……这里不仅是神庙，还是印加人的天文台。每年 6 月南半球的冬至日时，人们可以目睹一年一遇的奇观：太阳光穿过窗户照到神庙中央的花岗岩上，太阳、窗户与花岗岩在一条线上。

印度明珠：泰姬陵

1654 年，在印度北方邦的阿格拉近郊，一座由白色大理石筑造的陵墓建成，它是最负盛名的伊斯兰建筑珍品，是智慧与爱情的见证，它就是泰吉·玛哈尔陵，世称"泰姬陵"。

4 000 万卢比

1632 年，莫卧儿帝国皇帝沙贾汗下令建造泰姬陵。这一伟大工程花费了 4 000 万卢比。

宣礼塔

泰姬陵的四角分别矗立着一座 3 层的宣礼塔，它们高达 41 米。塔内安装有螺旋式楼梯，便于人们登上眺望台。

小穹窿

4 个小穹窿环绕在中央穹窿的四周。

中央穹窿

一个巨大的洋葱形穹窿耸立在泰姬陵的中央，它的直径约 18 米。

台 基

方形的台基高达 7 米，台基由砖块和碎石砌成，表面则由白色大理石铺就。

大圆顶

作为伊斯兰的典型建筑，清真寺是穆斯林礼拜的地方。虽然世界各地的清真寺各种各样，但它们大多有一个或几个大圆顶。

莫卧儿圆顶
洋葱形
泰姬陵（印度）

罗马圆顶
半球形
萨赫莱清真寺（耶路撒冷）

奥斯曼圆顶
锅盖形
蓝色清真寺（土耳其）

知识加油站

泰姬陵内的装饰纹样选用了伊斯兰艺术的重要元素——阿拉伯式花纹，这种花纹通过对几何图案的重复，构筑出精美的图案，对称、连续的风格给人以无限延伸的感觉。

世界之王

1592 年，库拉姆出生在莫卧儿王室。从小，他就被卷入激烈的宫廷争斗，为了争夺王位不惜与兄弟反目。库拉姆骁勇善战，长年南征北伐，立下了赫赫战功，被赐予"沙贾汗"的封号，意为"世界之王"。1628 年，沙贾汗登上王位，成为莫卧儿帝国第五代皇帝。在他统治时期，莫卧儿帝国国势日盛，文化艺术也迅速发展。

宫中的珍宝

1612 年，20 岁的沙贾汗迎娶了一位波斯女子——阿姬曼·芭奴。这位绝世佳人美若天仙，沙贾汗对她一见倾心，并称她为蒙泰吉·玛哈尔，意为"宫中的珍宝"。也许是宫中的纷争让沙贾汗从未感受过温情，于是他将所有的爱都给了自己的妃子。不幸的是，蒙泰吉·玛哈尔 1631 年因难产去世。

永恒爱情的见证

妻子的离世让沙贾汗遭到巨大的打击。为了纪念爱妃，沙贾汗决定建造一座陵墓。不同于那些弓马立国的粗犷先祖，沙贾汗是一位在波斯文化和印度文化熏陶下成长的王室继承者，他的审美高雅而精致。他决定用白色大理石来建造这座陵墓，以呈现爱妃的美丽与典雅。

1632 年，泰姬陵正式动工。每天，长长的象队拖着大理石向王都进发，2 万多名工匠参与到这项工程中。历时 22 年，这座耗资约 4 000 万卢比、无比对称的陵墓终于完工。1666 年，沙贾汗逝世后，他的遗体也被安葬在泰姬陵中。泰姬陵成为永恒爱情的见证，也代表着莫卧儿建筑的最高成就。

墓 室

泰姬陵的中央墓室是一个八角形大厅，四周被镂空的大理石屏风包围，正中心是两座大理石棺椁。不过，沙贾汗夫妇并没有被埋葬于此，他们长眠于正下方的地下墓室中。

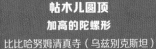

波斯圆顶
陀螺形
谢赫洛特芙拉清真寺（伊朗）

帖木儿圆顶
加高的陀螺形
比比哈努姆清真寺（乌兹别克斯坦）

马木留克圆顶
萝卜头形
摩西·阿布·阿巴斯清真寺（埃及）

理想城市：圣彼得堡

与建筑同时出现的，还有对城市的规划。俄罗斯第二大城市圣彼得堡是世界上最早按照统一风格规划的城市之一：548 座宫殿、庭院和大型建筑物，32 座纪念碑，137 座艺术园林，数不胜数的桥梁和雕塑……从 18 世纪到 20 世纪，这座城市的整体规划横跨了 3 个世纪，毫不夸张地说，这座城市就是一座建筑博物馆。

1990 年，圣彼得堡历史中心及其相关古迹群被联合国教科文组织列入世界文化遗产名录。

涅瓦河畔的石头城

1703 年，彼得一世从瑞典人手里夺得涅瓦河三角洲地带。起初，这里到处是渔人居住的单层小木屋，一切看起来破败不堪。为了打造一个"面向欧洲的窗口"，彼得一世下令在此兴建一座新城。

1712 年，彼得一世正式将首都从莫斯科迁到这座新城。不过，他不希望新首都和莫斯科一样是一座木头城市，他认为这里应当成为一座由石头建造的城市。他曾下了一道著名的命令：俄国各地禁止建造石头建筑，要把石头全用于新首都的建造，还设立了"石头税"，即所有进入新首都的人员和车船都要缴纳一定数量的石头。于是，俄国的石匠纷纷来到这里，开始建造一座坚不可摧的"石头城"。

圣彼得堡市区河道纵横，到处是岛屿和桥梁。涅瓦河分出几条支流，它们将整个圣彼得堡一分为四。

1 瓦西里岛
2 彼得格勒区
3 维堡区
4 海军部区

露天建筑博物馆

根据早年游历欧洲的经历，彼得一世为新首都规划了蓝图。他希望俄国能赶超欧洲，让圣彼得堡成为能与欧洲任何首都匹敌的、最优美和谐的城市。从一开始，这座城市就被设计成一座气势恢宏的首都，有整齐均匀的街道、宽阔的广场、坚固的桥梁、宏伟的建筑。

彼得一世去世之后，后来的君王也追随他的脚步，按照他最初的规划，请来欧洲著名的建筑师继续建设这座城市。在涅瓦河的沿岸，一座座政府大楼、宫殿、教堂拔地而起，一个个岛屿错落有致，一条条桥梁连通陆地，整个城市仿佛一座露天建筑博物馆。

伊萨基辅大教堂是世界上最大的圆顶建筑之一，100千克纯金镀饰的金色穹窿高约100米，几乎在圣彼得堡各处都能看见它。

海军部大厦

这座俄罗斯古典主义风格的建筑是整个海军部区的中心，塔楼正面宽度有400多米，以海洋和海军为主题的56座大型雕塑、11幅巨型浮雕、350块壁画装饰着整座大厦。

冬宫

这座俄罗斯古典主义风格的建筑曾是俄国沙皇的宫殿，绿色背景衬着白色石柱和金色浮雕，屋顶还矗立着176尊雕像。十月革命后，它被辟为艾尔米塔什博物馆的一部分。

喀山大教堂

这座教堂堪称涅瓦大街上最精美的建筑，它是参照古罗马的圣彼得大教堂建造的。教堂正面是宏伟的半圆形柱廊，由94根圆柱组成，教堂内有许多精美的雕塑和油画。

彼得保罗要塞

这座碉堡是圣彼得堡的第一座防御工事，楼堡上架有300门火炮。在一排排低矮平行的要塞厚墙上方，彼得保罗大教堂金光闪耀、细长如箭的塔尖冲天而立，十分引人注目。

夏宫

夏宫，又叫彼得夏宫，坐落于圣彼得堡郊外西北30千米处的森林之中。在宫殿前7排大大小小的金色雕像旁，150多座喷泉、2 000多个喷柱冲天而起，形成了一个"大瀑布"。

基督复活教堂

这是一座典型的东正教教堂，以莫斯科的瓦西里升天教堂为蓝本建造而成，五彩的洋葱顶、优美的轮廓、复杂的镶嵌让它在庄严雄伟的圣彼得堡独树一帜。

巴黎中心：凯旋门

1805年12月2日，在与第三次反法同盟的交锋中，拿破仑一世指挥约8万法军，在奥斯特里茨战役中巧妙布阵，一举击溃了来势汹汹的近9万俄奥联军。为了庆祝这场决定性的胜利，拿破仑一世下令兴建一座凯旋门。在城市建设方面，拿破仑一世跟彼得一世有着同样的野心，他想把19世纪初的巴黎建成一座宏伟的城市，可惜连凯旋门都没建成，他就病逝了。

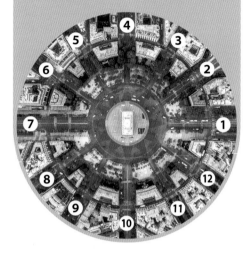

① 香榭丽舍大街		⑦ 大军团大街	
② 弗里德兰大街		⑧ 福煦大街	
③ 奥什大街		⑨ 维克托·雨果大街	
④ 瓦格朗大街		⑩ 克莱贝尔大街	
⑤ 麦克马洪大街		⑪ 耶拿大街	
⑥ 卡诺大街		⑫ 马索大街	

迟到的凯旋

1806年，为了庆祝奥斯特里茨战役大败俄奥联军，在拿破仑一世的授意下，著名建筑师让－弗朗索瓦·沙尔格兰设计出"一座伟大的雕塑"——凯旋门。同年8月6日，凯旋门正式破土动工。不过，战局总是瞬息万变，拿破仑一世也并非战无不胜，很快法兰西第一帝国就被推翻，凯旋门工程也一度停滞不前。断断续续经过30年，凯旋门终于在1836年7月29日竣工。遗憾的是，拿破仑一世未能亲眼见让这一伟大建筑落成。1840年，拿破仑一世的遗体从圣赫勒拿岛被运回巴黎，由仪仗队护送，悲壮地从凯旋门下穿过。

星光四射

1852年，拿破仑一世的侄子拿破仑三世发动军事政变，建立了一个新的帝国——法兰西第二帝国。拿破仑三世即位后，为了彰显皇位，他尊崇拿破仑一世，并委命乔治－欧仁·奥斯曼男爵改造巴黎，把凯旋门作为全巴黎最瞩目的焦点。奥斯曼男爵顶住压力，将老旧的巴黎建筑敲掉重建。于是，一座以凯旋门为中心、12条笔直宽敞的大街向四周辐射而出的巴黎城问世。气势恢宏的巴黎堪称欧洲大城市的设计典范。

弗朗索瓦·吕德
1784—1855

法国最杰出的雕塑家之一。1833 年，49 岁的吕德应邀为巴黎凯旋门创作浮雕。原本，凯旋门的 4 座雕塑都准备委托给吕德设计，但由于一些因素，吕德最终只接到了 1 座雕塑的任务。这座雕塑就是法国人尽皆知的《马赛曲》浮雕，一座歌颂法国人民奋起保卫祖国的史诗性作品。

《马赛曲》浮雕

《马赛曲》浮雕的上部刻有一位全副武装的自由女神，她执剑指向前方，回首号召民众奋起抗击入侵者。浮雕的下部刻画了 3 组人物：中间是一位饱经风霜的军人和他全身裸露的儿子，象征军民奔赴战场的决心；右边是两个老兵，他们握剑持盾，准备迎敌；左边的号兵吹响进军号角，弓箭手拉弓，表示战斗已经开始。整幅浮雕仅刻画了 7 个人物，却有着千军万马般的雄壮气势。

法国大革命时期，马赛营志愿军进军巴黎时，一路高唱《马赛曲》。如今，这首革命歌曲已成为法国国歌。

凯旋门

为了炫耀胜利与战绩，古罗马人建造出一种纪念性建筑——凯旋门。这种巨大的建筑用石头砌成，形似门楼，有 1 个或 3 个拱券门洞，通常建在城市的主要街道或广场上。后来，这种雄伟壮丽的建筑被欧洲各国君王争相效仿建造。

君士坦丁凯旋门

这座凯旋门建于公元 315 年，在意大利罗马现存的 3 座凯旋门中，它是年代最晚的 1 座。

巴塞罗那凯旋门

这座凯旋门用红砖砌筑，是 1888 年世界博览会的主要入口，门楣上刻有意为"巴塞罗那欢迎各国"的西班牙文。

巴黎凯旋门

巴黎凯旋门，亦称雄狮凯旋门，是欧洲 100 多座凯旋门中最大的，也是巴黎市四大代表建筑物之一。

艺术宝库：卢浮宫

提起法国的宫殿，卢浮宫无人不知。它位于巴黎市中心的塞纳河北岸，占地约 18 万平方米，建筑整体呈 U 字形，是几代建筑师智慧的结晶。过去，它是法国国王的宫殿；几经改建、扩建之后，如今它已成为一座举世闻名的博物馆，是世界上最大的艺术宝库之一。

阿波罗长廊

这是整个卢浮宫最富丽堂皇的地方，穹窿的画作《阿波罗征服巨蟒》由法国著名画家欧仁·德拉克鲁瓦创作，长廊四壁展示着曾在卢浮宫工作过的艺术家的肖像。

莱斯科翼楼

莱斯科翼楼是卢浮宫的西侧翼楼，由科林斯式立柱装饰而成，门上是圆形的山花。它结合文艺复兴的建筑风格与法国当地建筑的特色，成为法国古典主义建筑的范例。

800 多年

卢浮宫始建于 1204 年，它在改建、扩建的风风雨雨里走过了 800 多年。

从堡垒到皇家宫殿

1204 年，在塞纳河北岸，法国国王腓力二世筑起了一座方形军事堡垒，这是一座哥特式的"口"字形建筑。

到了 16 世纪，"文艺复兴"之风吹向法国。国王法兰西斯一世决定将这座旧堡垒拆除，并委派建筑师皮埃尔·莱斯科，模仿意大利文艺复兴的建筑风格，同时保留法国建筑的特色，在原址上重新建造一座皇家宫殿。此后，经过数位法国君王不断改建与扩建，历时 300 余年，到 1868 年，一座 U 字形的宫殿建筑群终于落成。

艺术殿堂

1682年，路易十四移居凡尔赛宫，卢浮宫改建与扩建工作曾一度中止，柱廊甚至没有加顶盖就停工了。沉寂百余年后，1793年8月10日，卢浮宫大画廊内的中央陈列馆开始向公众开放，卢浮宫成为一座公共博物馆。这里开始回响起来自民众的嘈杂声，到处可见创作中的艺术家、辛勤工作的雕刻家、能做出精美工艺品的手工艺人……一个充满活力的艺术殿堂诞生。

《米洛斯的阿芙洛狄忒》

万宝之宫

卢浮宫拥有的艺术藏品多达40余万件，从埃及艺术馆、希腊罗马艺术馆、东方艺术馆到绘画馆、雕塑馆……卢浮宫的每一寸空间都有着浓郁的艺术气息。

《萨莫色雷斯的胜利女神》

《蒙娜丽莎》

大卢浮宫计划

又经过了近200年的洗礼，卢浮宫日渐陈旧，早已沦为一座"旧王宫中的旧博物馆"。20世纪80年代，法国总统弗朗索瓦·密特朗决定实施"大卢浮宫计划"，并委任美籍华人建筑师贝聿铭为总设计师，大规模扩建和改造卢浮宫，希望恢复它昔日的荣光。

凭借天才的想象力，贝聿铭将传统与现代结合，在卢浮宫的中院内设计了一个高约21米的玻璃金字塔——一个明亮的、体面的、光线变幻的、富有仪式感的入口。玻璃金字塔既保存着金字塔古老神秘的魅力，又焕发出现代奔放的活力，它瞬间成为整座卢浮宫的视觉焦点。

知识加油站

玻璃金字塔的方案曾遭到近九成巴黎人的反对，有人认为这是"一个巨大又不可理喻的破玩意儿""一颗寒碜的钻石"……但事实证明贝聿铭成功了，玻璃金字塔瞬间点亮了这座古老的艺术殿堂。

帝王之城：故宫

1420 年，在北京南北中轴线的正中心，一座帝王之城终于建成，它一跃成为世界上规模最大的皇宫建筑群，这里前前后后一共居住过 24 位皇帝。在明清两代，人们称之为紫禁城。清朝灭亡后，紫禁城再也没有皇帝居住，这里变成了一座过去的皇宫，人们便将其改名为故宫。

故宫为什么叫紫禁城？

故宫明明是红墙黄瓦、金碧辉煌，但为什么古人称它为紫禁城？

在明清两代，这个古老的宫殿群是皇帝居住的地方，四周高墙林立，到处守卫森严，严禁任何人自由出入，故而得名"禁城"。

在中国古代星相学中，紫微垣是整个天空的正中心。古代皇帝参照"紫微正中"的格局，在北京城的中心建造了这个规模巨大的人间宫殿群，代表皇宫就是天下的中心，整座宫殿群便被命名为"紫禁城"。它代表了中国古代建筑工程技术的最高水平。

故宫的房间真的有 9 999 间半吗？

根据民间传说，故宫的房间一共有 9 999 间半，因为玉皇大帝的紫微宫有 10 000 间房，人间不能胜过天宫，所以减了半间以示尊重。但故宫到底有多少房间呢？1973 年，根据专家的现场测量统计，故宫的房间共有 8 700 多间。所以如果一个人从出生起就住在故宫，每天不重复地住一间房，他需要住到 23 岁才能住完所有房间。

金銮宝殿——太和殿

在清代，民间百姓把太和殿称为皇宫里的"金銮宝殿"，皇帝会在这里举行登基大典、立后大典、节日庆典等。在 3 层汉白玉台基上，这座至尊宝殿高 35 米，东西长 64 米，南北宽 33 米，是古代北京城内开间最多、进深最大、屋顶最高的建筑，堪称"中华第一殿"。

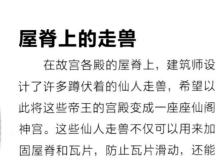

屋脊上的走兽

在故宫各殿的屋脊上，建筑师设计了许多蹲伏着的仙人走兽，希望以此将这些帝王的宫殿变成一座座仙阁神宫。这些仙人走兽不仅可以用来加固屋脊和瓦片，防止瓦片滑动，还能防止雨水渗漏到宫殿里。

在等级森严的故宫里，走兽的排列有着十分严格的规定，宫殿的等级越高，走兽的数量也越多。其中，走兽最多的地方是太和殿，太和殿的屋脊上蹲伏着十大神兽，毕竟至尊的金銮宝殿要配以最高规格。

骑凤仙人　龙　凤　狮子　海马　天马　押鱼　狻猊　獬豸　斗牛　行什　垂兽

故宫的龙

穿龙袍，坐龙椅，到处是龙浮雕、龙石柱，连皇帝本人也被尊称为"真龙天子"。在中国传统文化里，龙是尊贵的象征，只有皇家建筑才能用龙做装饰。故宫是中国传统建筑中龙文化的圣地，这里几乎处处可见龙的踪影。

琉璃龙雕

云龙石雕

蟠龙藻井

龙椅宝座

皇家陵寝：明十三陵

1409—1644 年的 230 多年间，长陵、献陵、景陵、裕陵、茂陵、泰陵、康陵、永陵、昭陵、定陵、庆陵、德陵、思陵等 13 座明代皇家陵寝依次被营建，陵区内葬有明朝皇帝 13 人、皇后 23 人、皇贵妃 1 人以及数十名殉葬皇妃，世称"明十三陵"。

明 楼

"万年吉壤"

中国古人认为，人死后灵魂还在，对待死者要和生前一样，这便是中国古代"事死如事生"的丧葬礼制。1408 年，为了卜选陵址，营建皇陵，明成祖朱棣命人四处踏勘。耗时一年多，在北京近郊的黄土山，卜选官员找到一处"万年吉壤"。这里被群山环抱，明堂开阔，山前还有小河蜿蜒曲折，被称为"风水宝地"。1409 年，明成祖下旨，封黄土山为天寿山，并圈方圆 80 里为陵区禁地。

神 道

神道是前往 13 座陵园的通道，分为主神道和辅神道。一条长约 7 千米的主神道如同大树的主干，去往各陵的辅神道犹如大树的枝杈。最先建陵的皇帝修建的主神道通常会直达其陵前，后面的皇帝以主神道为基础，向其他方向延伸辅神道，通往各自的陵前。

石牌坊

石牌坊是十三陵的入口，由汉白玉砌成，是中国现存最早、最大的石坊。夹柱石上雕刻麒麟、狮子、龙和怪兽，云腾浪涌，神态逼真。

棂星门

神功圣德碑亭

石像生

24 座石兽（狮、獬豸、骆驼、象、麒麟、马各 4 个，均二卧二立）和 12 座石人（武臣、文臣、勋臣各 4 个）均用整块巨石琢成，整齐地排列在神道的两侧。

大红门

大红门是十三陵的门户，门前两侧各有一座下马碑，上面刻着"官员人等至此下马"，象征着皇权至高无上。

棱恩殿

棱恩殿，即享殿，意为感恩受福，是长陵的主体建筑，也是举行祭祀典礼的重要场所。它是中国最大的楠木殿堂，也是最高等级的殿宇，殿面阔九间，进深五间，以彰显九五之尊。

棱恩殿

棱恩门

陵 门

棱恩殿内有 60 根金丝楠木巨柱，历时虽有 500 余年，仍安固如初。

"祖陵"长陵

作为明十三陵之首，长陵建在天寿山主峰下，是明成祖朱棣和皇后徐氏的合葬墓，也是十三陵中营建时间最早、规模最大的一座，其他陵园大多仿照它的形制营建。整个陵园有围墙环绕，分为3 个院落，包括陵门、神库、神厨、碑亭、棱恩门、棱恩殿、棂星门、明楼、宝城等。不过，部分建筑如今已不复存在。

明成祖铜像

定陵地宫

如果你想去陵墓的地下宫殿一探究竟，那就得前往定陵。定陵地宫是目前十三陵中唯一被发掘的帝王陵寝，这里埋葬着明神宗（万历皇帝）和他的两位皇后。地宫距墓顶 27 米，由前、中、后、左、右 5 个高大宽敞的殿堂联成。殿堂全部采用拱券式石结构，没有一根梁柱，距今虽然已有400 多年，却没有一处塌陷。此外，定陵中出土的随葬品共2 000 多件，其中皇冠和凤冠最引人注目。

金翼善冠

孝端皇后凤冠

后 殿

后殿是定陵地宫中最大的殿堂，长 30.1 米，宽 9.1 米，高 9.5 米，棺床中央放置着明神宗和两位皇后的棺椁。

天下江山第一楼

黄鹤楼面临长江，背倚蛇山，与滔滔江水、莽莽青山共同构成一幅"江、山、楼"三美合一的奇景图。

军事角楼

湖北省武汉市素有"九省通衢"之称，早在三国时期，这里便是水陆交通的咽喉要道，来自东西南北的车马船只必须由此经过。在长江与汉江的交汇处，黄鹄山（今武汉蛇山）临江负险，堪称"兵家必争的形胜之地"。公元223 年，为了扼守战略要地，吴王孙权下令在黄鹄山修筑夏口城。为了观察来往的船只、监视敌情，以及居高指挥水军作战，他还在城西南角的黄鹄矶上修筑了一座瞭望守戍的军事角楼——黄鹤楼。

画中楼阁

到了隋唐时期，依山傍水的夏口城成为著名的商贸都会，黄鹤楼也不再是军事角楼。在晴空暖日下，黄鹤楼被水雾环绕，宛如画中楼，文人雅士纷纷登临黄鹤楼，宴饮游乐，吟诗作赋，凭吊三国遗址，一览大江东去，留下了一首首脍炙人口的传世之作。

白云黄鹤

黄鹤楼第一层大厅的正面壁上有一幅巨大的陶瓷壁画——《白云黄鹤》（1984 年），它高 9 米，宽 6 米，由756 块彩陶板镶嵌而成。

如今，黄鹤楼已成为江城武汉的城市地标。以黄鹤楼为中心，宝塔、牌坊、轩廊、亭阁等一批辅助建筑错落有致，还有南来北往的火车、汽车从旁边飞驶穿楼，将黄鹤楼烘托得更加壮丽。

千年黄鹤楼

从三国到清末，黄鹤楼一直是木结构建筑，极容易毁于火灾，有时遭雷击起火，有时被人为纵火或遭遇战火。除此以外，风雨剥蚀、气温变化、白蚁蛀蚀等也给黄鹤楼制造了不少麻烦。在 1000 多年间，黄鹤楼屡建屡废，屡废屡建。到了 1884 年，汉阳门外一座民房失火，火大风猛，殃及黄鹤楼，一代名楼化为一片废墟。至此，辉煌千年的黄鹤楼仅存于诗词、绘画、传说以及一代又一代人的记忆之中。

元代黄鹤楼

明代黄鹤楼

清代黄鹤楼

黄鹤归来

新中国成立后，为了弥补"千年黄鹤去不归"的遗憾，重建黄鹤楼的呼声愈来愈高。1985 年，在距旧址约 1000 米的蛇山之巅，一座全新的黄鹤楼赫然耸立，但它不再是一座木结构建筑，而是采用了钢筋混凝土框架的仿木结构。

72 根圆柱支撑内部，60 个翘角向外伸展，还有 10 多万块黄色琉璃瓦覆盖屋面……远远望去，黄鹤楼大大小小的屋顶相互交错，翘角飞举，仿佛展翅欲飞的鹤翼。

古典楼顶
黄鹤楼以攒尖顶为核心，上托葫芦形宝顶，四面各有一座歇山顶骑楼。

四面八方
从高空俯瞰，黄鹤楼的平面为四边套八边形，寓意"四面八方"。

飞檐翘角
这种设计不仅可以扩大采光面，有助于排泄雨水，还营造出屋檐向上飞升的动感。层层叠叠的飞檐翘角被誉为"建筑物的冠冕"，有着雄伟的气势，是中国古建筑的一大特色。

层层飞檐，四望如一。

中央藻井，繁而不乱。

山林别墅：拙政园

52 000 平方米

占地面积约 52 000 平方米的拙政园是苏州现存最大的古典园林，被誉为"中国私家园林之最"。

"不出城郭而获山水之怡，身居闹市而有林泉之致。"过去，一些士绅官贾虽身居闹市，却渴望山林野趣。为了建造心中的"桃花源"，享受闲居之乐，他们纷纷改造自家的庭院，修筑出一座座私人花园——古典园林。

拙政园

明正德四年（1509 年）前后，御史王献臣官场失意，退隐故里苏州，打算营造园林颐养天年。他邀请当时"江南四大才子"之一的文征明，以水为中心，在唐代诗人陆龟蒙的旧宅和元代大弘寺的旧址上为园林设计蓝图。为了建造一座近乎自然的园林，他们引流水串联各处，让山石"闯"进院落，用廊、桥、亭、榭、漏窗、洞门等建筑连通空间，种植藤萝、枇杷、桂花、海棠、荷花等花木。王献臣死后，他的儿子一夜豪赌，输掉了这座园林。在往后的 500 余年里，拙政园屡次易主，多次被改建，却一直延续着明代的风格。

王献臣引用晋代潘岳《闲居赋》中"筑室种树，逍遥自得……此亦拙者之为政也"，将园林命名为"拙政园"。

远香堂

远香堂是拙政园中部的主体建筑，它临水而筑，落地玻璃长窗透明玲珑。夏天，水池中荷风扑面，清香远送，有"香远益清，亭亭净植"的意境，这座建筑由此得名"远香堂"。

漏 窗

园林里的漏窗形态各异，仿佛一个个取景框，将景色分割成一幅幅绝妙的风景画。

借景入园

站在拙政园内，你会看到不远处一座玲珑宝塔露出头，它倒映在池中，有朦胧的"远"，有塔顶的"高"，有倒影的"深"。但你寻遍满园，却怎么也寻不到它的踪迹，因为它是距离拙政园 1.5 千米的北寺塔。这便是巧妙的"借景"。

见山楼

此楼三面环水，一侧傍山，一楼是藕香榭，二楼是见山楼。

巧手妆园

拙政园全园可分为东、中、西三部分，以水池为中心，水面约占五分之三，建筑大多临水而筑。东部凿池叠山，开阔疏朗；中部亭、台、楼、阁、轩、榭、舫高低错落，是全园的精华所在；西部回廊起伏，别有情趣。

香洲画舫

石 舫

江南园林多以水为中心，造园家让舫"驶"进园林，使人有泛舟水上的感觉。这种船型建筑的前舱是亭，中舱为榭，尾舱建阁，阁上起楼，酷似一艘凌波而行的船。

芙蓉榭

水 榭

水榭的典型形式是在水边架起平台，一半建在岸上，一半伸向水面，造型优美的卷棚歇山式屋顶高高翘起，四面开敞通透。它静静伫立在水边，与周围的风景融为一体。

荷风四面亭

园 亭

园亭既是供人休息和观景的建筑，也是园林精妙的点缀。虽然它的体量不大，形式却十分多样，屋身大多空灵轻巧，高高翘起的翼角犹如一只展翅欲飞的凤凰。

小飞虹

廊 桥

在两岸建筑之间，廊桥倒映在水中，水波粼粼，宛若飞舞的彩虹。园林中的桥，并不只是连接陆地和水面的通道，还如精致的珠玉点缀在山山水水之间。

云墙

园 墙

白粉墙和青瓦装点着一道道园墙。依据地形，园墙类型多样，平坦的地面多建平墙，坡地或山地则就势建成阶梯形，为了避免单调，有时还会建波浪形的云墙。

波形廊

曲 廊

远远望去，长长的曲廊宛如一条绵延的长龙，横卧在青山绿水之中，形成了"游者步步移，景色步步改"的妙境。

四合院里规矩多

四面建有房屋，中间合围成庭院，这就是中国传统民居——四合院。根据地位、财富和家庭人数不同，四合院的规模有大有小，"口"字形的是一进院落，"日"字形的是二进院落，"目"字形的是三进院落。当然，还有四进、五进，甚至七进的四合院。

知识加油站

在陕西省岐山县凤雏村，考古学家发现了约3000年前的一组西周建筑遗址。它是一座二进院落的四合院，屋顶还盖有瓦（瓦的发明是西周在建筑史上的重大成就）。这组建筑虽然规模不大，却是迄今所知最早、最严整的四合院建筑。

王家大院位于山西省晋中市，由静升王氏家族经明清两朝、历时300余年修建而成，总面积达25万平方米，比故宫还要大10万平方米，被誉为"华夏民居第一宅"，有"民间故宫"之称。

形形色色的大门

在等级森严的封建社会，四合院的大门并不能随意建造，人们讲究"门当户对""门第有别"。如果你是皇亲国戚，你家可以建造豪华的王府大门；如果你是朝廷官员，那就建气派的广亮大门或金柱大门；如果你是富人商户，蛮子门、如意门是不错的选择；如果你是普通百姓，经济适用的随墙门可能比较适合你。

第一级：王府大门

第二级：广亮大门

四合院里探究竟

　　四合院大多坐北朝南，由一条中轴线贯穿始终，整体空间排列整齐、对称，并且严格遵循内外有别、尊卑有序的居住格局。三进院落是明清时期最标准的四合院结构，它的布局最合理、紧凑，是民间大量采用的形式。

　　走进一座三进四合院，映入眼帘的是一面特别的"墙"——影壁。再往里走，来到的是第一进院落——外院，它是一座由倒座房和垂花门等围成的窄院。过了漂亮的垂花门，便是第二进院落——中院，它是户主和家人生活的主要场所。穿过正房，最后是第三进院落——后院，这是一个狭长的院落，最北面排列着一长溜的后罩房，佣工多在此院劳作。

❾ 后罩房

　　它在最后一排，将整座宅院罩住，因而得名"后罩房"。由于私密性强，旧时富贵人家女儿住的闺房多设在后罩房，故有"深闺"之称。

❽ 耳房

　　在正房的两侧，耳房酷似正房的两个耳朵。它们的面积不大，可用于储存粮食或堆放杂物，也可用作书房。

❺ 游廊

　　游廊将内院围成一圈，好像人在冬天把手臂揣进袖子里，抄起双手一样，故而又称"抄手游廊"。

❼ 正房

　　正房是四合院级别最高的建筑，建在砖石砌成的台基上，一般有3间或5间，是户主的住所。

❻ 厢房

　　内院两侧设东西厢房，是子孙后辈居住的地方。

❶ 大门

　　大门没有开在中轴线上，而是设在东南角。

❹ 垂花门

　　我们常说"大门不出，二门不迈"，其中的"二门"就是垂花门。

❸ 倒座房

　　它背向大街，仿佛一座倒着坐的房子，故而得名"倒座房"。倒座房采光不好，多供客人或佣工居住。

❷ 影壁

　　行人从门前走过，只能看到影壁，看不到院内，所以影壁很好地保护了院内的隐私。

第三级：金柱大门

第四级：蛮子门

第五级：如意门

第六级：随墙门

水晶宫

18 世纪 60 年代，英国爆发工业革命，欧洲迈入了一个新的工业时代，建筑也与时俱进。1851 年，一座轻、光、透、薄的宫殿率先打破了建筑的传统，钢铁是它的骨骼，玻璃是它的皮肤，它晶莹剔透、宽敞明亮，它就是与万国工业博览会同时诞生的英国建筑奇观——水晶宫。

19 世纪中期，在维多利亚女王的统治下，英国迎来了最繁荣的时期。为了向全世界展示自己的实力，1849 年，英国决定举办一个世界性的博览会——万国工业博览会，即我们现在耳熟能详的世界博览会。

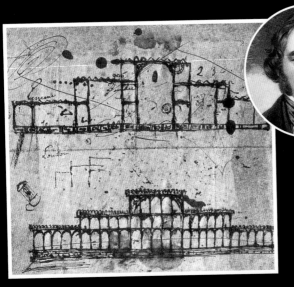

英国建筑设计师
约瑟夫·帕克斯顿

水晶宫设计原稿

设计竞赛

为筹备万国工业博览会，博览会建筑委员会在全欧洲征集博览会展馆的设计方案。他们在 3 周内一共征集到 245 个设计方案，但评审下来却没有一个令人满意。因为所有的方案都采用了厚重的古典式风格和永久性的建筑形式，它们都不符合大空间、临时性的要求。即使采纳这些方案，立马动工建造，时间上也根本来不及。就在博览会的筹备工作陷入困境、众人一筹莫展之时，一个创新的设计方案出现了，它就是水晶宫。

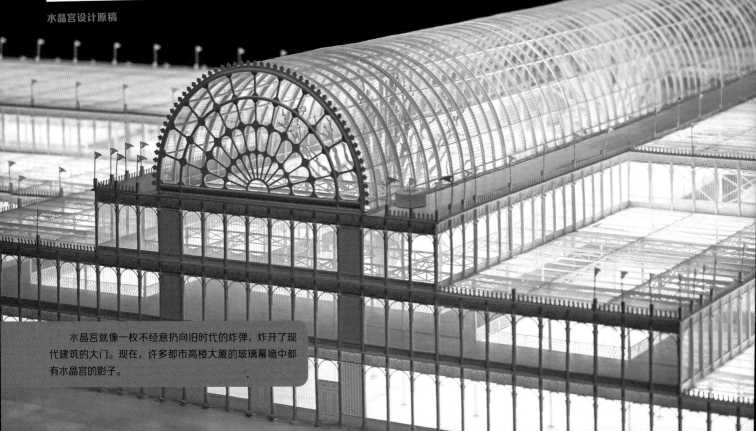

水晶宫建筑模型

水晶宫就像一枚不经意扔向旧时代的炸弹，炸开了现代建筑的大门。现在，许多都市高楼大厦的玻璃幕墙中都有水晶宫的影子。

来自大王莲的灵感

　　水晶宫的设计者约瑟夫·帕克斯顿原本并不是建筑师，而是一位皇家园艺师。帕克斯顿在种植一种大型睡莲——大王莲时，曾经让 7 岁的小女儿站在叶子上观赏花朵。他惊讶地发现，漂浮的叶子居然托住了小女儿。帕克斯顿仔细观察，发现大王莲粗壮的叶脉纵横交错，既美观又能承重。

　　这一意外的发现激发了他的灵感：他仿照大王莲叶片的脉纹，以钢材为骨架，用玻璃做墙身，设计出一座新颖的"大温室"，专用于培育各种植物。

帕克斯顿与大王莲的合照

　　大王莲有巨大的、像圆盘一样的叶子，直径可达 1~3 米。叶子可以承受 50~70 千克的重量。为什么大王莲叶子的承重力这么强？关键就在于叶子的背面结构：叶脉又粗又壮，排列有序，分布呈肋条状，足以撑起整片叶子。大王莲叶子的超强承重力是一般植物所不具备的。

最成功的展览品

　　帕克斯顿继续沿用"大温室"的构思，用铁做框架，以玻璃为屋面与墙身，提交了一份博览会展览馆的设计方案——水晶宫。这一独特的设计将自然植物的美感和工业制造的功能性完美融合，打破了传统的桎梏，令人眼前一亮。1850 年 7 月，帕克斯顿的设计方案被正式采纳。短短 9 个月，整座水晶宫就建成了。

　　水晶宫的诞生不仅为博览会的展品提供了临时展览馆，让博览会得以顺利举办，建筑本身也成了博览会中最成功的展览品。

　　1851 年，万国工业博览会如期举办，水晶宫内挂满各国彩旗，来自世界各国的手工艺品、艺术雕像、科技发明琳琅满目，令人应接不暇。

一个时代的终结

　　万国工业博览会结束后，水晶宫被移至伦敦南部，并以更大的规模翻建，1854 年向公众开放，成为伦敦的娱乐中心。可惜，这座建筑在 1936 年的一场大火中被付之一炬。水晶宫的倒下宣告辉煌的维多利亚时代落幕，英国原首相温斯顿·丘吉尔曾表示，水晶宫的烧毁是"一个时代的终结"。

水晶宫被烧毁的场景

埃菲尔铁塔

　　万国工业博览会取得空前成功后，伦敦在国际舞台上大放光芒，巴黎不甘落后，在 1855 年也举办了盛会，并将其更名为世界博览会。1889 年对于法国人而言是一个激动人心的年份：这一年，是法国大革命爆发 100 周年；这一年，巴黎举办了第四届世界博览会；这一年，一座为法国大革命和世博会而建的纪念性建筑顺利竣工，它就是埃菲尔铁塔。

钢铁巨人

　　为了庆祝法国大革命爆发 100 周年和在巴黎举行的世博会，法国人决定举办一场设计竞赛，在巴黎建造一座巨型纪念碑。很快，他们就征集到几百个方案。在所有方案中，脱颖而出的是一座前所未有的铁塔。它的造型离奇古怪，像极了由一堆零散的积木拼接而成的钢铁组件。一时之间，惊奇、怀疑和反对的声音纷至沓来，人们觉得，这座巨大的钢铁建筑与当时的巴黎格格不入。

　　由于只使用钢铁材料搭建，铁塔不仅建造费用低，建造时间也短，耗时仅两年多就完成了。竣工后，埃菲尔铁塔像一位钢铁巨人，屹立在巴黎的马尔斯广场，它以独特的美感完美地融入了这座城市。

1887 年 12 月 7 日

1888 年 5 月 15 日

1889 年 3 月 15 日

古斯塔夫·埃菲尔
1832—1923

　　法国土木工程师。他模仿人体的骨骼，设计出这座钢架镂空结构的铁塔，人们称他为"用铁创造了奇迹的人"，并将这座铁塔命名为埃菲尔铁塔。1889 年 5 月 15 日，在为巴黎世界博览会的开幕典礼剪彩之际，埃菲尔站在铁塔的 300 米处，亲手将法国国旗升起。

知识加油站

　　埃菲尔铁塔共有大约 12 000 多个金属部件，用 250 万个螺栓和铆钉连接在一起，镂空的结构极为壮观。它使用了 7 000 吨优质钢铁，如果把非金属的部分算上，整座铁塔重约 10 000 吨。

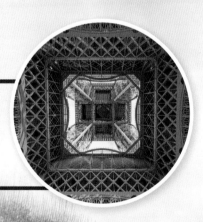

300米

埃菲尔铁塔始建时高 300 米，这一高度在当时震惊全球。在此之前，世界上最高的建筑是约 169 米的美国华盛顿纪念碑，它的高度只有埃菲尔铁塔的一半多一点儿。

320 米
巴黎电视中心

300 米
第四层平台，上设气象站

276 米
上层瞭望台

115 米
中层瞭望台

57 米
下层瞭望台

法国人的"铁娘子"

法国人喜欢浪漫，他们没有将高大的埃菲尔铁塔称作"大英雄"或"大丈夫"，而是亲密地称呼它为"铁娘子"。这座打破常规的铁塔是建筑史上的奇迹，除了 4 个塔墩是用水泥浇灌的，塔身全部都选用钢铁材料。

铁会热胀冷缩，埃菲尔铁塔也不例外。每年夏天，当温度临近 30 ℃时，铁塔比冬天时高出约 20 厘米。此外，向阳一面的钢铁也会受热膨胀，使铁塔有些倾斜。

首都的瞭望台

法国人有时也将埃菲尔铁塔称为"首都的瞭望台"，铁塔一共设有上、中、下 3 个瞭望台，可同时容纳上万人。人们可以在这里尽览整个巴黎的风采。如果站在高高的瞭望台上，你会感到喧闹的城市忽然安静下来，化作一幅巨大的地图，条条大道和小巷化身为无数根宽窄不一的线，全巴黎尽收眼底，全在脚下。在白天视野清晰的时候，你甚至可以看到 60 千米开外的地方。

中国国家体育场

中国国家体育场，俗称"鸟巢"，是北京奥运会的标志性场馆。和埃菲尔铁塔相似，这也是一座用钢铁铸造的建筑，镂空的钢结构重达 4.2 万吨，没有外力支撑，完全自立。

AEG涡轮机工厂

19世纪60年代后期，第二次工业革命开始，人类进入了"电气时代"。1909年，AEG（德国通用电气公司）的设计师彼得·贝伦斯打算设计一座新型的现代工厂。为了致敬新时代，他决定以电气时代的能量之源——涡轮机为设计起点，用玻璃和钢铁"编织"幕墙和屋顶，由此打造出一座现代建筑丰碑——AEG涡轮机工厂。

玻璃和钢铁的编织品

整座建筑的设计从基座开始，贝伦斯决定设计一个高耸的、巨大的砖石基座。接下来是最巧妙的墙面和屋顶，他使用玻璃和钢铁"编织"出一面面透明的幕墙和一个透明的大天窗，让阳光照亮整座工厂。但玻璃幕墙不太牢固，于是他又在四周竖起22根钢架，在屋顶处加装一根厚重的横梁，构建出一副足以支撑墙壁和屋顶的强大"骨骼"。工厂的角部设计几个厚重的水泥墩柱，正面再设计出一个弓形山墙。一切外部装饰都被舍弃，一座兼具设计感和实用性的现代工厂就建成了。

中间是轻薄的玻璃墙面，两侧是厚重的水泥角墩，加上一个形似半个水桶的屋顶，这种奇特的冲突感给建筑带来了强烈的视觉冲击力。

AEG涡轮机工厂

玻璃幕墙

整座幕墙高约15米，长约100米。钢结构骨架清晰可见，把大面积的玻璃窗划分成一个个简单的方格。

玻璃天窗

工厂的屋顶是一个铰链式大天窗，由密密麻麻的钢铁和玻璃"编织"而成，让整个车间看起来宽敞透亮。

现代的帕特农神庙

远远望去，整座工厂像极了古希腊神庙，尤其是环绕一圈的钢铁列柱像极了神庙的立柱，不过玻璃和钢铁组合的设计简约，充满现代感。正因如此，AEG 涡轮机工厂也被称为"现代的帕特农神庙"。

弧光灯

电风扇

德国现代设计之父：彼得·贝伦斯

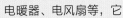
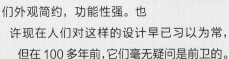

彼得·贝伦斯是工业产品设计的先驱、"德国工业同盟"的首席建筑师，他推崇"少而精"的理念，AEG 涡轮机工厂就是他最杰出的设计作品。除了建筑物，他还曾设计出大量的工业产品，如弧光灯、电暖器、电风扇等，它们外观简约，功能性强。也许现在人们对这样的设计早已习以为常，但在 100 多年前，它们毫无疑问是前卫的。

电暖器

贝伦斯设计的钟表

洛可可风格的钟表

也许贝伦斯的作品现在看起来平淡无奇，但当时的工业产品普遍复杂、华丽，贝伦斯却敢于打破传统的桎梏，摈弃多余的装饰，将钟表设计得十分简约，并突出它指示时间的功能。

涡轮机车间

在宽敞透亮的生产车间，内部空间没有阻隔，机器高效运转，庞大的涡轮机看起来气势逼人。

铰接点

基座和钢架的连接处有许多巨大的铰接部件，它们仿佛基座上精心刻出的雕塑，又兼具实用性。

工人正在安装涡轮机。

熨斗大厦

打开现代建筑大门的除了现代工厂，还有摩天大楼。美国纽约市第五大道、百老汇大街和第二十三街的交汇处形成了一个三角形街区，由于角度很小，这个三角形街区一直未被合理利用。为了充分利用这片空间，建筑师丹尼尔·伯纳姆设计出一座底座为三角形的摩天大楼。由于外形酷似一个巨大的熨斗，这座建筑后来便被命名为熨斗大厦。

从福勒大厦到熨斗大厦

在熨斗大厦落成之前，这个形状怪异的三角形街区曾流转到不同开发商的手中，但大家都想不到合适的设计方案，所以这里一直处于未开发或半开发的状态。几经转手，这片区域最终转入福勒公司名下。福勒公司是一家专攻钢筋构架和摩天大楼施工的建筑公司，这家公司的总经理哈利·S. 布莱克决定用这块地建设公司总部大楼——福勒大厦。很快，布莱克先生找到了擅长城市规划的丹尼尔·伯纳姆，并委任他为福勒大厦的设计师。后来，因为种种因素，福勒大厦不得不更名，最终改名为更加贴合它外观的熨斗大厦。

丹尼尔·伯纳姆
1846—1912

美国建筑师和城市规划师。他不仅建设了世界上第一批摩天大楼，还编制出美国华盛顿、芝加哥、克利夫兰、旧金山的城市规划。伯纳姆有一句名言："不要制定渺小的规划，它们没有激发人们热情的魅力。"这句话至今常被人引用。

钢架建筑的先驱

第五大道和百老汇大街交汇形成的角度非常小，为了合理规划这个狭长的三角形街区，伯纳姆决定：沿着街区的轮廓设计一座三角形大厦，并想办法让这座建筑可以抵御强风。

为了加固建筑，他决定使用钢骨结构，让整座建筑的高度达到了令人惊叹的 87 米。要知道，对于当时使用常规建法的建筑来说，达到这样的高度非常困难。这一巧妙的设计让熨斗大厦变成钢架建筑的先驱，也让其成为纽约乃至全世界知名的摩天大楼。

知识加油站

熨斗大厦的平面图是一个三角形，它的形态像极了一个巨大的熨斗。大厦朝北的立面仅有 1.98 米宽，整座大厦拥有 22 层楼，高 87 米，从侧面看只有薄薄的一片。

当古典遇上现代……

熨斗大厦虽然是一座现代化建筑，但其中也融入了许多古典的装饰风格。伯纳姆将整座摩天大楼从下至上一分为三，这类似于古希腊柱子的结构——柱础、柱身、柱头，为"钢铁巨人"熨斗大厦添了一丝古典风韵。除此之外，熨斗大厦的外层覆盖着一层石灰石材料，还用了釉面赤陶，看起来充满厚重感，同时也十分美观。

赌它倒不倒

这幢大厦建成后，并没有迎来一片欢呼，相反人们对它相当不看好，因为它看起来只有薄薄的一片，而且还那么高。许多纽约居民都不相信这种钢架结构的建筑能够矗立于纽约的强风之中。当年，大家纷纷下赌注：有人赌它多久会倒塌，有人赌它被风吹倒时瓦砾能飞多远……

然而，100 多年过去了，熨斗大厦依旧巍然耸立在第五大道上，并成为一个传奇的地标。虽然现在纽约已经有很多摩天大楼的高度超过了熨斗大厦，但它仍然是纽约的代表性建筑，被视为一个时代的奇迹。

现代建筑四大师

第一次世界大战时，欧洲各国的大量建筑在战火和硝烟中沦为废墟。战争结束后，各国经济逐渐复苏，技术也不断革新，建筑师开始广泛地采用新材料、新技术和新设计。渐渐地，现代建筑学派诞生了，其中出现了 4 位赫赫有名的现代建筑大师。

有机建筑大师
弗兰克·劳埃德·赖特
1867—1959

在少年时代，赖特常在假期时去叔叔的农场工作，这让他得以在大自然中感受四季的神秘和大自然固有的旋律。成为一名建筑师后，他十分崇尚自然，认为建筑应当像植物一样从地里生长出来，与大自然融为一体。有机建筑就生发于他的这种建筑哲学。

柏林新国家美术馆

"少"不是空白而是精简，"多"不是拥挤而是完美，好的建筑要精简到不需再改动，德国柏林新国家美术馆完美地呈现了这一理念。这里没有任何一件多余的东西，有的只是轻灵通透、里外流通的空间。

"少就是多"
密斯·凡·德·罗
1886—1969

与其他建筑大师不同，密斯·凡·德·罗没有受过正规的建筑学教育。他出身于一个石匠家庭，上了几年学后便开始跟着父亲学习石工手艺，他的知识和技能主要来自大量的建筑实践。密斯·凡·德·罗将极简主义的美学思想应用到建筑学中，提出了他最著名的理论——"少就是多"。

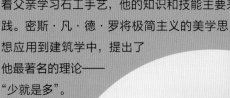

流水别墅

1935 年，赖特设计出著名的流水别墅。他选中一处地形起伏、林木繁盛的风景点，从岩石上跌落的溪水形成一个瀑布，他顺势将别墅建造在这个瀑布的上方。别墅轻盈地坐落在流水之上，与自然完美地融为一体。

功能主义之父
勒·柯布西耶
1887—1965

这位 20 世纪著名的建筑大师出身于瑞士的一个钟表匠家庭。年轻时，他曾四处游学，游历于欧洲各国。根据自己的所学所想，勒·柯布西耶提出了著名的"新建筑五点"：底层架空、屋顶花园、自由平面、横向长窗、自由立面。

萨伏伊别墅
这是现代主义建筑的经典作品之一，整幢房子表面看起来平平无奇：钢筋混凝土、简单的几何形状、平整的白色外墙……几乎没有任何多余的装饰，就像一个被细柱支起的白色方盒子。唯一的装饰就是横向长窗，它们让阳光最大限度地洒落到房间里。

💡 **知识加油站**

大家还记得彼得·贝伦斯吗？他就是 AEG 涡轮机工厂的设计者、德国现代设计之父。此外，他还是一位杰出的教育家，他的工作室甚至被人们称为"大师工厂"。在现代建筑四大师中，除了赖特，其余 3 位都曾在彼得·贝伦斯的工作室当过学徒。

包豪斯创始人
瓦尔特·格罗皮乌斯
1883—1969

格罗皮乌斯出身于一个建筑世家，从小便耳濡目染各种建筑知识。在贝伦斯工作室的学习、工作经历让他深受现代主义设计理念的影响。他强调自由创造，反对模仿因袭，推崇简洁的设计风格，强调充分利用现代材料、技术，实现艺术性与功能性的完美结合。

包豪斯校舍
包豪斯校舍是格罗皮乌斯最著名的代表作之一。它的墙面开孔自由，大片的玻璃幕墙，连续的横向长窗，没有雕刻，没有柱廊，没有装饰性的花纹，几乎摒弃了所有附加物，一切看起来简洁而通透。

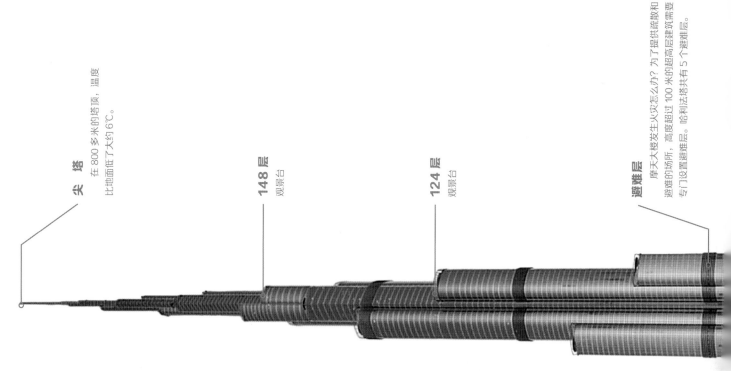

尖 塔
在 800 多米的塔顶，温度比地面低了大约 6℃。

148 层
观景台

124 层
观景台

避难层
摩天大楼发生火灾怎么办？为了提供疏散和避难的场所，高度超过 100 米的超高层建筑需要专门设置避难层。哈利法塔共有 5 个避难层。

照射到哈利法塔的阳光只有 20% 能够进入塔内。因为反射了大量光线，黄昏时分，哈利法塔会显现出近乎隐形的惊人效果。

摩天大楼：哈利法塔

在一片沙漠之中，一座高达 828 米的摩天大楼拔地而起，看起来就像一柄利刃即将刺破苍穹，这就是世界第一高楼——哈利法塔。虽然 "身材" 十分苗条，但由于其史无前例的高度，哈利法塔重达 50 万吨，和 10 万头大象差不多重。为了支撑这座高高耸立的尖塔，194 根直径约 1.5 米的混凝土桩深入地下数十米，搭建出一个巨型地基。

极速电梯

想不想登顶世界第一高楼，在哈利法塔塔顶俯瞰一切？你有两个选择：第一，爬 2 909 级台阶，这可能会让你精疲力竭；第二，搭乘速度快达 10 米／秒的 "极速电梯"，通往 160 层。

哈利法塔内共有 57 部电梯，如果乘坐其中一部从 1 层升至 124 层，你会抵达离地 452 米的观景台。

此时，如果低头向下看，你可能会看到直升机或者鸟群从下方飞过；如果抬头往上看，你的上方是一座冲入云霄的尖塔，它比一座埃菲尔铁塔还高。

玻璃的故事

26 000 多块玻璃构成了巨型玻璃幕墙，总面积达 13.5 万平方米，相当于 19 个足球场。为了清洗这些玻璃，搭楼设置了 18 台擦窗机，并配备有 36 名清洁工人，但清洗一遍仍需 2～3 个月的时间。

为了适应沙漠的强风和极端的温度，哈利法塔使用了一种超白玻璃，这是一种高透明的玻璃，可以很好地保温和隔热。玻璃的背面还覆有金属涂层，让整座塔看起来闪闪发光。

沙漠之花

在气候干燥的中东地区，人们常在路边看见一种白色的鲜花，它的花形酷似6条腿的长脚蜘蛛，它就是沙漠之花——蜘蛛兰。

当著名建筑师阿德里安·史密斯看到蜘蛛兰6片对称的花瓣，哈利法塔的设计灵感便悄然而至：他将花瓣数减为3瓣，设计出Y字形的地基结构；3片"花瓣"螺旋式上升，塔楼直冲天际，并在顶端变成一座尖塔。这样新颖的设计使它不仅拥有漂亮时尚的外观，也具有极高的实用性，能够减少大风对建筑物的压力，使整个建筑更加稳固和安全。

3个支翼螺旋式上升，"分散风力"的阶梯式设计让哈利法塔足以抵御肆虐的沙漠风暴。

38～39层
迪拜阿玛尼酒店

9～16层
迪拜阿玛尼酒店公寓

1～8层
迪拜阿玛尼酒店

埃菲尔铁塔
320米
法国巴黎

帝国大厦
449米
美国纽约

吉隆坡石油双塔
452米
马来西亚吉隆坡

韦莱大厦
527米
美国芝加哥

奥斯坦金诺电视塔
540米
俄罗斯莫斯科

多伦多电视塔
553.4米
加拿大多伦多

广州塔
600米
中国广州

哈利法塔
828米
阿拉伯联合酋长国迪拜

800
700
600
500
400
300
200
100

奇形怪状的建筑

欢迎来到奇妙空间，流动的线条、奇异的布局、斑斓的色彩、奇幻的光影、颠覆的设计……在这里，一切都被允许，想象力没有边界。当然，这里的一切真实地存在于世界的各个角落。

蓬皮杜艺术中心

钢架林立，管道纵横，一切暴露在外，毫不修饰……在法国巴黎，蓬皮杜艺术中心是一个文化艺术综合体，它一反法国古典主义建筑风格，将钢筋和管道全部暴露于人前，像极了一座现代工厂。人们戏称它为"市中心的炼油厂"。

米拉之家

古怪的波浪状外墙、扭曲的阳台栏杆、奇异的烟囱……在西班牙的巴塞罗那，米拉之家设计奇特，激发人们无限的想象力：像羚羊峡谷？像海浪？像退潮后的沙滩？像蜂窝？像蛇窟？像沙丘？……

巴特罗之家

屋顶盘踞着巨龙，阳台戴着面具，窗台仿佛涌动的波浪，满墙的彩色碎瓷片如同万花筒……这座梦幻的"童话之家"出自西班牙建筑大师安东尼奥·高迪之手。

栖息地67号

一个个巨大的纸箱被堆在路边？没那么简单！这是由建筑师摩西·萨夫迪设计的建筑"栖息地67号"，位于加拿大魁北克省。萨夫迪将354个立方体错落有致地堆叠起来，为的就是让所有房间都享受到充足的日照。

原子球塔

放大了1650亿倍的铁晶胞会是什么模样？1958年，一座为比利时布鲁塞尔世博会而建的原子球塔落成，它由9颗直径约18米的不锈钢圆球组成，每颗圆球代表一个铁原子，各球之间由空心钢管连接。

奇境颠倒屋

这不是白宫吗？它被大风掀翻了吗？别担心，白宫依旧稳稳地坐落在美国华盛顿。这座颠倒的白宫名叫"奇境颠倒屋"，坐落于美国田纳西州。如果走进这座颠倒屋，你会发现里面的100多个互动性展品也都是倒立的。如果有机会，你还可以在里面体验强大的飓风和6级地震。

维特拉设计博物馆

形状各异的体块拼凑在一起，塑造出一个充满动感、复杂多变、相互穿插又极度扭曲的"建筑雕塑"。它就是位于德国莱茵河畔的维特拉设计博物馆，出自解构主义建筑大师弗兰克·盖里之手。作为世界领先的设计博物馆之一，馆内陈列着数百把自 19 世纪以来来自全球的现代经典椅子。

种子圣殿

2010 年上海世博会的英国馆由 6 万多根亚克力杆组成，每根亚克力杆的末端都藏着形态各异的植物种子，建筑故而得名"种子圣殿"。日光透过亚克力杆，照亮"种子圣殿"的内部，将数万颗种子呈现在参观者眼前。

中国国家游泳中心

外观酷似一个梦幻的蓝色方盒子，内嵌 3 000 多个形状各异的"泡泡"，整个外立面看不到一根钢筋、一块混凝土，墙身和顶棚由细钢管连接而成，厚约 2 毫米的膜结构气枕像皮肤一样包裹住整座建筑。这就是中国国家游泳中心，世界上规模最大的膜结构工程，2008 年北京奥运会的标志性场馆，人们亲切地称呼它为"水立方"。

中国国家大剧院

18 398 块钛金属板和 1 226 块超白玻璃巧妙拼接，组成了一个奇妙的半椭球形蛋壳，营造出舞台帷幕徐徐拉开的视觉效果。这座造型独特的建筑便是中国国家大剧院。

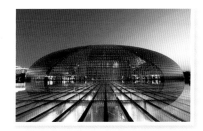

跳舞的房子

跳舞的房子，又名"弗雷德与金杰的房子"，灵感来自美国踢踏舞明星弗雷德和金杰。左侧是一个穿着玻璃幕墙连衣裙的"女舞者"，右侧是一个笔直站立的"男舞者"，两栋楼靠在一起，像极了两个相拥起舞的舞者，人们甚至能感受到左侧建筑"摇摆的舞裙"。

森林螺旋城

环绕着一片绿草坡，沿着螺旋形的轨迹呈 U 字形排开，不同颜色的楼层代表沉积岩的不同地层，1 000 多个窗户的大小形状各异，房顶上还有座"森林"……这座森林螺旋城由奥地利建筑师洪德特瓦塞尔设计。

毕尔巴鄂古根海姆博物馆

远远望去，毕尔巴鄂古根海姆博物馆如同一艘梦幻之船，停靠在西班牙内尔维翁河畔。当暖黄的阳光洒在它的钛合金曲面上，整座博物馆瞬间如同燃烧的火焰一样熠熠生辉。1997 年，毕尔巴鄂古根海姆博物馆正式对外开放，它瞬间点亮了衰落已久的工业老城毕尔巴鄂。

名词解释

包豪斯：原为包豪斯设计学院的简称，后指以该学院为基地发展起来的建筑学派。

壁画：绘制在建筑物的墙壁或天花板上的图画。

超白玻璃：亦称低铁玻璃。一种高透明的玻璃。经钢化后，自爆率降低到万分之一，甚至更低。适用于高层建筑外门窗、玻璃幕墙等围护结构构造，极大提高建筑的安全性。

浮雕：雕塑的一种，在平面上雕出的凸起的形象。

钢筋：钢筋混凝土中所使用的钢条。

哥特建筑：这种建筑广泛运用线条轻快的尖拱券、造型挺秀的小尖塔、轻盈通透的飞扶壁、修长的立柱或簇柱及彩色玻璃镶嵌的花窗。

古典主义建筑：在古希腊建筑和古罗马建筑的基础上发展起来的意大利文艺复兴建筑、巴洛克建筑和古典复兴建筑，其共同特点是采用古典柱式。

混凝土：一种建筑材料，一般用水泥、沙、石子和水按比例搅拌而成，硬结后有耐压、耐水、耐火等性能。

教堂：基督教徒举行宗教仪式的场所。

梁：水平方向的长条形承重构件。

陵墓：帝王或诸侯的坟墓。

洛可可风格：18世纪产生于法国、遍及欧洲的艺术风格，具有纤细、轻巧、华丽和烦琐的装饰性。

玫瑰花窗：中世纪教堂正门上方的大圆形窗，内呈放射状，镶嵌着美丽的彩绘玻璃，因玫瑰花形而得名。常见于哥特建筑中，如巴黎圣母院。

幕墙：建筑物的装配式板材外墙。因远看墙体像舞台上的大幕，所以叫幕墙。幕墙自身重量轻，工业化程度高，但玻璃幕墙常造成眩光污染。

清真寺：亦称礼拜寺。穆斯林举行宗教活动、传授宗教知识的场所。

穹窿：通称圆顶。屋顶形式之一。建筑物中宽大厅室上筑成球面形或多边曲面球形的屋盖。

山花：檐部上面的三角形山墙，是立面构图的重点部位。

天窗：房顶上为采光、通风开的窗子。

文艺复兴：14—16世纪欧洲资产阶级思想文化运动，提倡复兴古希腊、古罗马的艺术风格，重视人的价值。

屋脊：两个斜屋面相交所成一条隆起的棱脊。

宣礼塔：又称光塔或唤拜塔，是清真寺常有的建筑，用以召唤信众礼拜。

券：拱券。桥梁、门窗等建筑物上砌成弧形的部分。

钟楼：安装时钟的较高的建筑物。

柱廊：有顶盖、廊台、支柱或兼有一侧围护墙体的供人通行的建筑物。

朱其芳

专业译者,译有《建筑元素的演变》《国际新景观》《露台设计指南》等作品,于国内知名建筑、景观、室内设计图书出版机构"凤凰空间"担任双语翻译。创立微信公众号"翻来翻趣",对建筑、艺术等领域较有兴趣和心得。

图书在版编目(CIP)数据

建筑奇观 / 朱其芳著. — 上海:少年儿童出版社,2022.10
(中国少儿百科知识全书)
ISBN 978-7-5589-1526-0

Ⅰ.①建… Ⅱ.①朱… Ⅲ.①建筑—少儿读物 Ⅳ.①TU-49

中国版本图书馆CIP数据核字(2022)第203037号

中国少儿百科知识全书
建筑奇观
朱其芳 著

刘芳苇 徐佳慧 装帧设计

责任编辑 沈 岩 策划编辑 王惠敏
责任校对 陶立新 美术编辑 陈艳萍 技术编辑 许 辉

出版发行 上海少年儿童出版社有限公司
地址 上海市闵行区号景路159弄B座5-6层 邮编 201101
印刷 深圳市星嘉艺纸艺有限公司
开本 889×1194 1/16 印张 3.75 字数 50千字
2022年10月第1版 2025年4月第4次印刷
ISBN 978-7-5589-1526-0 / Z·0048
定价 35.00 元

版权所有 侵权必究

图片来源 图虫创意、视觉中国、Getty Images、Wikimedia Commons 等
审图号 GS(2022)3834号

书中图片如有侵权,请联系图书出品方。